CATALOGUE

DES

OISEAUX D'EUROPE

OU

ÉNUMÉRATION DES ESPÈCES ET RACES D'OISEAUX

DONT LA PRÉSENCE, SOIT HABITUELLE, SOIT FORTUITE, A ÉTÉ DUMENT CONSTATÉE DANS LES LIMITES GÉOGRAPHIQUES DE L'EUROPE

PAR

J. C. L. T. D'HAMONVILLE

CONSEILLER GÉNÉRAL, MAIRE

MEMBRE FONDATEUR, TITULAIRE OU CORRESPONDANT DE PLUSIEURS SOCIÉTÉS SCIENTIFIQUES FRANÇAISES ET ÉTRANGÈRES

PARIS
J. B. BAILLIÈRE ET FILS
19, RUE HAUTEFEUILLE

LONDON W. C.
B. QUARITCH, BOOKSELLER
15, PICCADILLY STREET

1876

CATALOGUE

DES

OISEAUX D'EUROPE

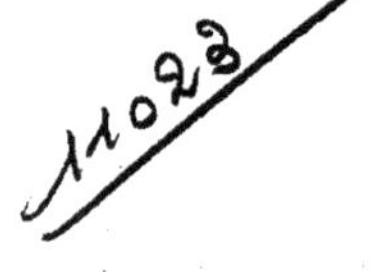

M. d'Hamonville, au château de Manonville, par Noviant-aux-Prés (Meurthe-et-Moselle), collectionne les oiseaux d'Europe et les œufs d'oiseaux de tous pays. Il a de nombreux doubles et est disposé à acquérir par voie d'échange ou d'achat toutes les espèces qui lui manquent.

CATALOGUE

DES

OISEAUX D'EUROPE

OU

ÉNUMÉRATION DES ESPÈCES ET RACES D'OISEAUX

DONT LA PRÉSENCE, SOIT *HABITUELLE*, SOIT FORTUITE, A ÉTÉ DUMENT CONSTATÉE DANS LES LIMITES GÉOGRAPHIQUES DE L'EUROPE

PAR

J. C. L. T. D'HAMONVILLE

CONSEILLER GÉNÉRAL, MAIRE

MEMBRE FONDATEUR, TITULAIRE OU CORRESPONDANT DE PLUSIEURS SOCIÉTÉS SCIENTIFIQUES FRANÇAISES ET ÉTRANGÈRES

PARIS
J. B. BAILLIÈRE ET FILS
19, RUE HAUTEFEUILLE

LONDON W. C.
B. QUARITCH, BOOKSELLER
15, PICCADILLY STREET

1876

AVERTISSEMENT.

Nous avons suivi, dans ce Catalogue des Oiseaux de l'Europe, la classification adoptée par MM. Degland et Gerbe dans leur excellent *Traité d'Ornithologie*. Toutefois, nous avons cru devoir ne conserver que les genres reposant sur des caractères nettement tranchés et abaisser les autres au rang de sous-genres ou de groupes. A notre avis, la trop grande multiplicité des coupes nuit à la science au lieu de lui être utile. Loin de simplifier, elle complique; et en chargeant inutilement la mémoire d'une foule de noms trop laborieusement composés, elle va directement contre le but que s'étaient proposé nos grands maîtres, les Linné, les Cuvier et autres : vulgariser la science par la simplicité des classifications.

Pour les diverses indications à fournir, nous nous sommes inspiré de la méthode si heureusement mise en œuvre par le professeur Blasius. Le genre supprimé sera imprimé en petits caractères, la minuscule grecque indiquera la race, le point d'interrogation l'espèce douteuse pour l'Europe et l'F majuscule l'espèce qui n'est européenne qu'exceptionnellement.

Dans ces conditions, notre Catalogue, que nous nous sommes d'ailleurs efforcé de tenir au courant des dernières découvertes, nous paraît pouvoir rendre quelques services à nos confrères en ornithologie. C'est le but que nous nous sommes proposé en l'éditant : notre espoir comme notre seul désir, c'est que ce but soit atteint.

Château de Manonville, 20 mars 1876.

OISEAUX

OBSERVÉS EN EUROPE.

1ER ORDRE. — OISEAUX DE PROIE.

VULTURIDÉS.

	Vultur (Linné).	Vautour.	
	Monachus. Lin. *Cinereus Sav.*	Moine.	Eu. mé. As. Af.
	Otogyps.		
F.	Auricularis. Daud.	Oricou.	France. Esp. Af.
	Gyps.		
	Fulvus. Brisson.	Fauve.	Eu. or. Af. sep.
	α Occidentalis. Schlegel.	Occidental.	Pyr. Sard.
	Neophron (Sav.).	**Néophron.**	
	Percnopterus. Lin.	Percnoptère.	Eu. mé. Af. As.
?	Pileatus. Burch.	Coiffé.	Af. Grè. (1).
	Gypaetus (Storr.).	**Gypaëte.**	
	Barbatus. Lin.	Barbu.	Eu. mé. Af. sep.

FALCONIDÉS.

	Aquila (Briss.).	Aigle.	
	Fulva. Lin. *Chrysaetos l.*	Fauve.	Cosm.
	Imperialis. Bechst.	Impérial.	Cosm.
	Nævioïdes. Kaup. *Clanga Pal.*	Ravisseur.	Eu. or. Af. sep. (2).
F.	α Adalberti. Brehm.	Adalbert.	Esp. (3).

(1) *Ois. d'Europe,* Dub. t. I, p. I a, et Cat. de Blasius. — (2) Vian, *Rev. zoo.* ann. 1869-70 et 73. — (3) Heuglin in Litteris.

OISEAUX

OBSERVÉS EN EUROPE.

1ER ORDRE. — OISEAUX DE PROIE.

VULTURIDÉS.

Vultur (Linné). Vautour.

Neophron (Sav.). Néophron.

Gypaetus (Storr.). Gypaëte.

FALCONIDÉS.

Aquila (Briss.). Aigle.

F.	β Flavigaster. Homeyer.	Flavigastre.	Égyp. Rus. mé. (1).
F.	γ Boeckii. Hom.	De Boeck.	As. cen. Allem. (1).
	Nævia. Bris.	Criard.	Eu. sep. cen. oc.
	α Orientalis. Cab.	Oriental.	Rus. mé. Eu. or.
F.	Desmursii. Verreaux.	Des Murs.	Af. trop. Florence (2).
	Fasciata. Vieillot.	A queue barrée.	Eu. As. Af.
	Pennata. Gmél.	Botté.	Eu. mé. Af.
	Haliætus (Savig.).	**Pigargue.**	
	Albicilla. Lin.	Ordinaire.	Eu. As. sep. Af. sep.
F.	Leucocephalus. Lin.	Leucocéphale.	Am. sep. Eu.
	Leucoryphus. Pallas. *Macei Cuv.*	Leucoryphe.	As. Rus.
	Pandion (Savig.).	**Balbuzard.**	
	Haliætus. Lin.	Fluviatile.	Eu. As.
	Circaetus (Vieil.).	**Circaëte.**	
	Gallicus. Gmél.	Jean-le-Blanc.	Eu. As. Af.
	Buteo (G. Cuvier.)	**Buse.**	
	Vulgaris. Lin.	Vulgaire.	Eu. As. Af.
F.	Desertorum. Daud. *Tachardus Vieil.*	Rougri.	Af. Rus. mé.
	Ferox. Gmél. *Leucurus Naum.*	Féroce.	Eu. As. Af.
	Archibuteo.		
	Lagopus. Brün.	Pattue.	Eu. As. Am.
	Pernis (G. Cuv.).	**Brondrée.**	
	Apivorus. Lin.	Apivore.	Eu. As. Af.
	Milvus (G. Cuv.).	**Milan.**	
	Regalis. Briss.	Royal.	Eu. As.
	Niger. Briss. *Ater Gmél.*	Noir.	Eu.
	Ægyptius. Gmél. *Parasitus Dau.*	Égyptien.	Af. Dal. Grè.
F.	Govinda. Sykes.	Govinda.	As. Turq. (3).

(1) Heuglin in Litteris, — (2) *Ac. sc. di Turino*, 1870, p. 223. — (3) Alléon et Vian, *Rev. zoo.* 1869.

Haliætus (Savig.). Pigargue.

Pandion (Savig.). Balbuzard.

Circaetus (Vieil.). Circaëte.

Buteo (G. Cuvier). Buse.

Pernis (G. Cuv.). Brondrée.

Milvus (G. Cuv.). Milan.

	Elanus (Savig.).		**Élanion.**	
F.	Cæruleus. Desf.		Blac.	Af. Fran. Esp.
	Nauclerus (Vigor.).		**Naucler.**	
F.	Furcatus. Lin.	*Carolinensis Bris.*	Martinet.	Am. sep. Ang.
	Falco (Lin.).		**Faucon.**	
	Hierofalco.			
	Candicans. Gmél.	*Groenlandicus Breh.*	Blanc.	Groën. Sib. Am. Eu.
	α Islandicus. Bris.	*Gyrfalco Keys et Bl.*	Islandais.	Islan.
	Gyrfalco. Schlég.		Norwégien.	Norw.
	Falco.			
	Sacer. Bris.	*Lanarius Tem. et Kaup.*	Sacré.	As. Eu. or. Af. sep.
	Lanarius. Schl.	*Tanypterus Lich.*	Lanier.	Eu. or. et mé.
F.	Barbarus. Lin.	*Puniceus Lev. j.*	Alphanet (Sch.).	Af. sep. Néerlande (1).
	Peregrinus. Briss.		Pélerin.	Eu. As. Af.
F.	Peregrinoïdes. Kaup.		Pélérinoïde.	Af. sep. Fran. It. (2).
	Eleonoræ. Géné.		Éléonore.	Af. sep. Grè. Sard.
	Subbuteo. Lin.		Hobereau.	Eu. As. Af.
?	Concolor. Tem.		Concolore.	Af. sep. Esp. (3).
	Vespertinus. Lin.	*Rufipes Bese.*	Kobez.	As. Af. Eu. mé.
	Lithofalco. Briss.	*Æsalon.*	Émérillon.	As. Af. Eu.
	Tinnunculus. Lin.		Cresserelle.	As. Af. Eu.
	Cenchris. Nau.		Cresserine.	As. Af. Eu.
	Astur (Lacép.).		**Autour.**	
	Palumbarius. Lin.		Ordinaire.	As. Af. Eu.
	Accipiter.			
F.	Atricapillus. Wils.		A tête noire.	Am. sep. Écosse (4).
	Brevipes. Severtz.	*Badius Kaup.*	Brun.	As. Mi. Rus. mé. Tur. Fran. (5).
	Nisus. Lin.		Épervier.	As. Af. Eu.
F.	Gabar. Kaup.		Gabar.	Af. Portu. Grè.?

(1) Musée de Leyde. — (2) Vian, *Rev. zoo.* 1872. — (3) Deg. et G., t. I, p. 88. — (4) Ibis 1870, p. 292. — (5) *Rev. zoo.* 1873, p. 389 (niche au mont Olympe (Grèce), d'où nous avons reçu les œufs).

Elanus (Savig.). Élanion.

Nauclerus (Vigor.). Naucler.

Falco (Lin.). Faucon.

Astur (Lacép.). Autour.

Circus (Lacép.).	Busard.	
Æruginosus. Lin. *Rufus Gmé.*	Harpaye.	Eu. As. Af. sep.
Cyaneus. Lin.	Saint-Martin.	Eu. As. Af.
Cineraceus. Montagu.	Montagu.	Eu. As. Af.
Swainsonii. Smith. *Pallidus Syk.*	Pâle.	Eu. or. As. Af.

STRIGIDÉS.

Strix (Linné).	Chouette.	
Surnia.		
Funerea. Lin.	Caparacoch.	Eu. sep. As. et Am. bor.
Nyctale.		
Tengmalmi. Gmél.	Tengmalm.	Eu.
Noctua.		
Noctua. Bris.	Chevêche.	Eu. As.
α Persica. Vieil. *Meridionalis Ris.*	Méridionale.	Af. sep. Esp. Grè.
Surnia.		
Passerina. Lin. *Pusilla Daud.*	Chevêchette.	Eu. As.
Nyctea. Lin.	Harfang.	Hém. boré.
Syrnium.		
Aluco. Lin.	Hulotte.	Eu. As. Af.
Ptynx.		
Uralensis. Pal.	De l'Oural.	Cer. Arct.
Ulula.		
Lapponica. Retzius. *Barbata Pal.*	Laponne.	Eu. et As. sep.
Strix.		
Flammea. Lin.	Effraye.	Eu. As. Af.
Otus (G. Cuv.).	**Hibou.**	
Brachyotus. Gmél.	Brachyote.	Eu. As. Af. sep.
F. Capensis. Smith.	Du Cap.	Af. Esp. (1).
Vulgaris. Flem.	Vulgaire.	Eu. As. Af.

(1) Saunders, *Ibis* 1871, p. 65.

Circus (Lacép.). Busard.

STRIGIDÉS.

Strix (Linné). Chouette.

Otus (G. Cuv.) Hibou.

	Ascalaphus. Savig.	Ascalaphe.	Eu. As. sep.
	Bubo.		
	Bubo. Lin.	Grand-duc.	Eu. As. sep.
	α Sibiricus. Licht.	Sibérien.	Eu. sep. Sibé.
	Scops.		
	Scops. Lin. *Zorca Gmél.*	Scops.	Eu. As. occ. Af. sep.
F.	Asio. Lin.	Asio.	Am. sep. Angl. (1).

2e ORDRE. — PASSEREAUX.

PICIDÉS.

	Picus (Lin.).	**Pic.**	
	Driopicus.		
	Martius. Lin.	Noir.	Eu. As. oc.
	Picus.		
	Major. Lin.	Épeiche.	Eu. As. oc.
F.	α Syriacus. Hemp. *Cruentatus Ant.*	Syrien.	As. Turq.
	Leuconotus. Bechst. *Lilfordi Sharp.*	Leuconote.	Lap. Corse. Grè. Fra.
	Medius. Lin. *Varius Bris.*	Mar.	Eu.
F.	Villosus. Lin.	Velu.	Am. sep. Ang. (Lewin.)
	Minor. Lin.	Épeichette.	Eu. Af.
F.	Pubescens. Lin.	Pubescent.	Am. sep. Ang. (Gray.)
	Picoïdes.		
	Tridactylus. Lin.	Tridactyle.	Eu. As. sep.
	Gecinus.		
	Viridis. Lin.	Vert.	Eu.
	α Sharpii. Saunders.	De Sharp.	Esp. ? (2).
	Canus. Gmél.	Cendré.	Eu.
	Colaptes.		
?	Auratus. Lin.	Doré.	Am. Angl. (Gray).

(1) Yarrell. — (2) *Pro. z. s.* 1872, p. 153, et *Ornith. of Gibral.*, p. 71.

2e ORDRE. — PASSEREAUX.

PICIDÉS.

Picus (Lin.). Pic.

	Yunx (Lin.).	**Torcol.**	
	Torquilla. Lin.	Vulgaire.	Eu. As. oc. Af. sep.

CUCULIDÉS.

	Cuculus (Lin.).	**Coucou.**	
	Canorus. Lin.	Gris.	Eu. As. Af.
	Oxylophus.		
	Glandarius. Lin.	Geai.	Eu. mé. Af. sep.
	Coccyzus (Vieil.).	**Coulicou.**	
F.	Americanus. Lin.	Américain.	Am. sep. Angl.
F.	Erythrophtalmus. Wils.	Érythrophtalme.	Am. sep. Lucque (1).

CORACIADIDÉS.

	Coracias (Lin.).	**Rollier.**	
	Garrula. Lin.	Ordinaire.	Eu. As. Af.

MÉROPIDÉS.

	Merops (Lin.).	**Guêpier.**	
	Apiaster. Lin.	Vulgaire.	Eu. As. Af. sep.
	Ægyptius. Forskal. *Persica Pal.*	D'Égypte.	Af. As. Eu. mé.
F.	Viridissimus. Swain.	Vert.	Af. or. et oc. Sicile (2).

ALCÉDINIDÉS.

	Alcedo (Lin.).	**Martin-Pêchr.**	
	Ispida. Lin.	Vulgaire.	Eu. As. Af.
	Ceryle.		
	Rudis. Lin. *Varia Strick.*	Pie.	Eu. or. Af. As. oc.
F.	Alcyon. Lin.	Alcyon.	Am. sep. Irlande.
	Halcyon (Swa.).	**Halcyon.**	
F.	Smyrnensis. Lin.	De Smyrne.	As. mi. Turq. Isl. (3).

(1) *Cabanis jour.* 1858, p. 457. — (2) Col. pr. G. de Wurtemberg. — (3) *Rev. zoo.* 1857, p. 136.

Yunx (Lin.). Torcol.

CUCULIDÉS.

Cuculus (Lin.). Coucou.

Coccyzus (Vieil.). Coulicou.

CORACIADIDÉS.

Coracias (Lin.). Rollier.

MÉROPIDÉS.

Merops (Lin.). Guêpier.

ALCÉDINIDÉS.

Alcedo (Lin.). Martin-Pêcheur.

Halcyon (Swa.). Halcyon.

CERTHIIDÉS.

Sitta (Lin.).	**Sittelle.**	
Europæa. Lin.	D'Europe.	Eu. sep. As. sep.
Cæsia. Mey et W.	Torche-pot.	Eu. mé. et oc.
Syriaca. Ehren.	Syriaque.	Eu. or. As. mi.
α Krueperi. Pelzeln.	De Krueper.	As. mi. Eu. or. (1).
Certhia (Lin.).	**Grimpereau.**	
Familiaris. Lin. *Costæ Bail.*	Familier.	Alpes. Eu.
Brachydactyla. Breh. *Familiaris Tem.*	Brachydactyle.	Eu.
Tichodroma (Illi.).	**Tichodrome.**	
Muraria. Lin.	Échelette.	Eu. mé. As. oc.

UPUPIDÉS.

Upupa (Lin.).	**Huppe.**	
Epops. Lin.	Vulgaire.	Eu. As. Af.

CORVIDÉS.

Corvus (Lin.).	**Corbeau.**	
Corax. Lin.	Ordinaire.	As. sep. Eu.
α Leucophaeus. Vieil.	Leucophée.	Féroë.
Corone. Lin.	Corneille.	Eu. As.
Cornix. Lin. *Cinerea Bris.*	Mantelé.	As. Eu. Égyp.
Frugilegus. Lin.	Freux.	Eu. As. Af. or.
Monedula. Lin.	Choucas.	Eu. As. oc.
Pyrrhocorax (Vieil.).	**Pyrrhocorax.**	
Alpinus. Vieil.	Chocard.	Alp. Pyr.
Coracia.		
Graculus. Lin.	Crave.	Alp. Pyr. As. Af.
Nucifraga (Bris.).	**Casse-noix.**	
Caryocatactes. Lin.	Vulgaire.	Eu. As. sep.

(1) *Synonymik* v. Dr E. Rey, p. 30.

CERTHIIDÉS.

Sitta (Lin.). Sittelle.

Certhia (Lin.). Grimpereau.

Tichodroma (Illi.). Tichodrome.

UPUPIDÉS.

Upupa (Lin.). Huppe.

CORVIDÉS.

Corvus (Lin.). Corbeau.

Pyrrhocorax (Vieil.). Pyrrhocorax.

Nucifraga (Bris.). Casse-noix.

	Pica (Bris.).	**Pie.**	
	Caudata. Lin.	Ordinaire.	Eu. As. Af.
F.	Cyanea. Wag.	Bleue.	As. Eu. ?
	α Cooki. Bpte.	De Cook.	Af. sep. Esp.
	Garrulus (Bris.).	**Geai.**	
	Glandarius. Lin.	Ordinaire.	Eu.
	α Krynicki. Kale.	De Krynick.	Cauc. Cri. Syrie.
?	β Melanocephalus. Géné.	Mélanocéphale.	Alg. Eu. mé. ?
F.	γ Minor. Verreaux.	Nain.	Alg. Italie (1).
	Perisoreus.		
	Infaustus. Lin.	Imitateur.	Eu. As. sep.

LANIIDÉS.

	Lanius (Lin.).	**Pie-Grièche.**	
	Excubitor. Lin. *Major Pal.*	Grise.	Eu.
	α Homëyeri. Caba.	D'Homëyer.	Wolga. Crim. (2).
	Meridionalis. Temm.	Méridionale.	Alg. Ita. Fra.
	Minor. Gmél.	D'Italie.	Eu. Af. sep. As. oc.
	Rufus. Briss.	Rousse.	Eu. Af. sep.
F.	Phœnicurus. Pal. *Nec superciliosus Lath.*	A queue rousse.	As. mi. Hélig. Tur. ?
	Nubicus. Lich. *Personatus Schl.*	Masquée.	Af. Grèce.
	Collurio. Lin.	Écorcheur.	Eu. As. Af.
	Telephonus.		
F.	Tschagra. Boie. *Cucullatus Tem.*	A Capuchon.	Af. Eu. mé.

STURNIDÉS.

	Sturnus (Lin.).	**Étourneau.**	
	Vulgaris. Lin.	Vulgaire.	Eu. Af. sep.
	α Unicolor. De la Mar.	Unicolore.	Af. sep. Eu. mé.
	Pastor (Tem.).	**Martin.**	
	Roseus. Lin.	Roselin.	Af. As. Eu. mé.

(1) Dubois, *Ois. de l'Eur. non-belg.*, t. I, p. 41. — (2) Cabanis, *Jour. Orni.* 1873, p. 75.

Pica (Bris.). Pie.

Garrulus (Bris.). Geai.

LANIIDÉS.

Lanius (Lin.). Pie-Grièche.

STURNIDÉS.

Sturnus (Lin.). Étourneau.

Pastor (Tem.). Martin.

ICTÉRIDÉS.

	Agelaïus (Vieil.).	**Troupiale.**	
F.	Phœniceus. Lin.	A épaulettes.	Am. sep. Angl.

FRINGILLIDÉS.

	Passer (Bris.).	**Moineau.**	
	Domesticus. Lin.	Domestique.	Eu.
	α Italiæ. Vieil. *Cisalpina Tem.*	Cisalpin.	Ital. Sici.
	Hispaniolensis. Tem. *Salicicola Vieil.*	Espagnol.	Af. sep. Es. It. Turq.
	Montanus. Lin.	Friquet.	Eu. As. sep.
	Petronia. Lin.	Soulcie.	Eu. mé. As. oc.
	Pyrrhula (Bris.).	**Bouvreuil.**	
	Vulgaris. Lath.	Vulgaire.	Eu.
	α Coccinea. De Selys.	Ponceau.	As. Eu. sep. et cen.
	Erythrospiza.		
F.	Githaginea. Lich.	Githagine.	Af. sep. As. Eu. mé.
	Carpodacus.		
?	Rhodoptera. Licht.	Rodoptère.	As. Eu. ? Bple (1).
?	Sibirica. Pal. *Longicauda Tem.*	Longicaude.	As. Eu. ? Bple.
F.	Rubicilla. Gülden. *Caucasicus Pal.*	Roselin.	Cauc. Eu. or.
	Erythrina. Pal. *Incerta Deg.*	Cramoisi.	As. Eu. or.
F.	Rosea. Pal.	Rose.	Sibé. Eu. Hélig.
?	Rhodochlamis. Brandt.	Sophie.	Sibé. Eu. ? Bple.
	Corythus (G. Cuv.).	**Dur-bec.**	
F.	Enucleator. Lin.	Vulgaire.	Régions arct.
	Loxia (Bris.).	**Bec-croisé.**	
	Curvirostra. Lin.	Ordinaire.	Eu. As. sep. Jap.
	Pityopsittacus. Bescht.	Perroquet.	Eu. As.
	Bifasciata. Brehm. *Tænioptera Glo.*	Bifascié.	Eu. As. sep.
F.	Leucoptera. Gmél.	Leucoptère.	Am. Anglet. (2).

(1) *Rev. zoo.* 1857, p. 137. — (2) Yarrell, 3e édit., t. II, p. 34

ICTÉRIDÉS.

Agelaïus (Vieil.). Troupiale.

FRINGILLIDÉS.

Passer (Bris.). Moineau.

Pyrrhula (Bris.). Bouvreuil.

Corythus (G. Cuv.). Dur-bec.

Loxia (Bris.). Bec-croisé.

	Coccothraustes (Bris.).	**Gros-bec.**	
	Vulgaris. Vieil.	Vulgaire.	Eu. As. Af.
	Montifringilla (Brehm).	**Niverolle.**	
	Nivalis. Briss.	Des neiges.	Eu. Alp. Pyrén.
?	Alpicola. Pal.	Alpine.	Sib. Eu. ? Bpte.
?	Arctoa. Pal.	Arctique.	As. Eu. ? Bpte.
	Fringilla (Lin.).	**Fringille.**	
	Montifringilla. Lin.	D'Ardennes.	Eu. As. sep.
	Cœlebs. Lin.	Pinson.	Eu. As. sep.
F.	Spodiogena. Bonapte.	Spodiogène.	Af. sep. Fra. mé.
	Ligurinus.		
	Chloris. Lin.	Verdier.	Eu.
F.	Chlorotica. Lich.	Jaune.	Per. Syr. Esp. (1).
	Carduelis.		
	Curduelis. Lin.	Chardonneret.	Eu. As. oc. Af. sep.
?	Orientalis. Eversm. *Caniceps.*	Oriental.	As. Eu. or. Bpte.
	Chrysomitris.		
	Spinus. Lin.	Tarin.	Eu. As. sept.
?	Pistacina. Eversm.	Des pistachiers.	Sibé. Eu. or. Bpte.
	Citrinella.		
	Citrinella. Lin.	Venturon.	Eu. mé.
	Serinus.		
	Serinus. Lin.	Serin.	Eu. As. oc. Af. sep.
F.	Pusilla. Pal.	Nain.	As. oc. Eu. Bosphore.
	Cannabina (Brehm).	**Linotte.**	
	Linota. Gmél.	Vulgaire.	Eu. As. Af. sep.
	Flavirostris. Lin. *Montana Bris.*	Montagnarde.	Eu. As. oc.
	Linaria.		
	Linaria. Lin. *Borealis Vieil.*	Sizerin.	Rég. arct. Norw. Isl.
	Holbollii. Brehm.	De Holböll.	Eu. sep. et oc.

(1) Saunders, *Ibis*, 1871, p. 213

Coccothraustes (Bris.). Gros-bec.

Montifringilla (Brehm). Niverolle.

Fringilla (Lin.). Fringille.

Cannabina (Brehm). Linotte.

F.	Canescens. Gould.	Blanchâtre.	Groën. All. Bel.
	Minima. Briss. *Rufescens Vieil.*	Cabaret.	Eu. sep. et cen.
	Emberiza (Lin.).	**Bruant.**	
	Passerina.		
	Aureola. Pal.	Auréole.	As. Eu. or.
	Melanocephala. Scopo. *Caucasicus Pal.*	Mélanocéphale.	As. Mi. Eu. or.
	Miliaria.		
	Miliaria. Lin.	Proyer.	Eu. As. oc.
	Emberiza.		
	Citrinella. Lin.	Jaune.	Eu.
	Cirlus. Lin.	Zizi.	Eu. As. oc.
	Cia. Lin.	Fou.	Eu. As. oc.
F.	Pithyornus. Pal. *Leucocephalæ Gme.*	A couro^une^ lactée.	Sibé. Eu.
?	Cioïdes. Brandt. *Cia Pal.*	Cioïde.	As. sep. Eu. B^pte^.
	Hortulana. Lin.	Ortolan.	Eu. As. oc.
	Cæsia. Cretzsch.	Cendrillard.	Eu. or. As. mi. Af.
F.	Saharæ. Le Vail. jun.	Saharien.	Af. Andalous. (1).
	Cynchramus.		
F.	Chrysophrys. Pal.	A sourcils jaunes.	As. sep. Eu.
?	Cinerea. Strickl.	Cendré.	As. Mi. Eu. or. (2).
	Pyrrhuloïdes. Pal. *Palustris Savi.*	De marais.	As. oc. Eu. mé.
	α Intermedia. Mich.	Intermédiaire.	Dal. Rus. mé. Égyp.
	Schœniclus. Lin.	De roseaux.	Eu. As. sep.
F.	Passerina. Pal.	Passerine.	As. Rus. eur. Fran. (3).
?	Alleonis. Vian.	Alléon.	As. Rus. mé. ? (4).
F.	Pusilla. Pal.	Nain.	As. Eu. sep.
F.	Rustica. Pal.	Rustique.	As. Eu. mé. et sep.
	Plectrophanes (Mey. et W.).	**Plectrophane.**	
	Nivalis. Lin. *Borealis Degl.*	De neige.	Cer. arct. Eu.
F.	Lapponicus. Lin. *Calcarata Pal.*	Lapon.	Rég. bor. Eu.

(1) Tem. Col. Lugd. Bat. Les types de la col. Temminck ont été examinés et décrits par von Heuglin in : *Ornit. N. O. Afr.*, t. II, p. 667. — (2) *Synonymik*, von Dr E. Rey, p. 74. — (3) Vian, *Rev. zoo.* 1867, p. 10. — (4) Vian, *Rev. zoo.* de 1869.

Emberiza (Lin.). Bruant.

Plectrophanes (Mey. et W.). Plectrophane.

ALAUDIDÉS.

	Alauda (Lin.).		Alouette.	
	Arvensis. Lin.	Cantarella Bpte.	Des champs.	Eu. As. Af.
	Arborea. Lin.		Lulu.	Eu. As. oc. Af. sep.
	Brachydactyla. Leis.		Calandrelle.	Eu. As. et Af. sep.
F.	Calandrina. Nobis.	Minor Dres. Bœtica? Dres.	Calandrine.	Af. sep. Malte. Esp. (1).
	Pispoletta. Pal.		Pispolette.	As. Rus. mé.
F.	Lusitana. Gmél.	Deserti Lich.	Isabelline.	Af. Esp. Fra. mé.
	Otocoris.			
	Alpestris. Lin.		Alpestre.	Eu. et As. sep.
F.	Albigula. Brandt.	Penicillata Gould.	A gorge blanche.	As. oc. Eu. or.
F.	Bilopha. Temm.	Bicornis Hempr.	Bilophe.	As. Af. sep. Esp.
	Calandra.			
	Calandra. Lin.		Calandre.	Eu. mé. As. oc. Af. sep.
	Sibirica. Gmél.	Leucoptera Pal.	Sibérienne.	As. sep. Eu. or.
F.	Rufescens. Méné.		Rousseline.	Abys. Eu. mé. (2).
	Tatarica. Pal.	Nigra Falk.	Nègre.	As. sep. Rus. mé.
	Certhilauda (Swain.).		**Sirli.**	
F.	Desertorum. Stanl.	Bifasciata Licht.	Bifascié.	Af. As. oc. Eu. mé.
F.	Duponti. Vieil.		Dupont.	Af. sep. As. Esp. Fra.
	Cristata. Lin.		Cochevis.	Eu. Af. sep.

MOTACILLIDÉS.

Anthus (Bechst).		Pipi.	
Corydalla.			
Richardi. Vieil.	Longipes Hollan.	Richard.	Eu. As. oc. Af. sep.

(1) *Ibis*, 1874, p. 225, et *Ornith. of Gibral.*, p. 114. En juin 1856, nous avons tué à Aïn-el-Ibel (Sahara algérien), un certain nombre de petites alouettes que leur vol, leur cri et leur taille nous ont fait distinguer de la calandrelle et à laquelle nous avons donné le nom de A. Calandrina. A notre retour en France, nous avons communiqué cet oiseau à M. Jul. Verreaux, qui en a fait la diagnose, et à M. Éd. Verreaux, auquel nous en avons cédé quelques exemplaires étiquetés de ce nom. Nous croyons devoir le lui conserver aujourd'hui puisqu'il nous paraît identique à la nouvelle espèce de Malte et d'Espagne. Nous en donnerons prochainement une description. — (2) Dubois, *Rev. zoo.* 1873, p. 391, d'après von Heuglin.

ALAUDIDÉS.

Alauda (Lin.). Alouette.

Certhilauda (Swain.). Sirli.

MOTACILLIDÉS.

Anthus (Bechst). Pipi.

	Agrodroma.			
	Campestris. Bris.	*Rufescens Tem.*	Champêtre.	Eu. As. oc. Af. sep.
	Anthus.			
	Arboreus. Bris.	*Trivialis Gmel.*	Des arbres.	Eu. As. Af.
	Pratensis. Lin.		Des prés.	Eu. As. Af.
	Cervinus. Pal.	*Rufogularis Breh.*	Gorge-rousse.	Eu. As. Af. sep. (1).
	Spinoletta. Lin.	*Aquaticus Bechs.*	Spioncelle.	Eu. Af. sep.
	Obscurus. Penn.	*Rupestris Nils.*	Maritime.	Eu. côtes maritimes.
F.	Pensylvanicus. Bris.	*Ludoviciana Gmel.*	Pensylvanien.	Am. sep. Hélig. (Gæthe).
	Budytes (G.·Cuv.).		**Bergerette.**	
	Flava. Lin.	*Verna Bris.*	Printanière.	Eu. Af. sep.
	α Rayi. B[pte].	*Flaveola Tem.*	De Ray.	Eu. oc. Anglet.
	β Cinereocapilla. Savi.		A tête cendrée.	Eu. mé. As. Af. sep.
	Melanocephala. Lich.		Mélanocéphale.	Eu. mé. As. (1).
	α Borealis. Sund.		Boréale.	Eu. sep. (2).
F.	Citreola. Pal.		Citrine.	As. Eu. or.
	Motacilla (Lin.).		**Hochequeue.**	
	Sulphurea. Bechst.		Boarule.	Eu. As. et Af. sep.
	Alba. Lin.		Grise.	Eu. ex. Angl. As. Af.
	α Yarrellii. Gould.	*Lugubris Tem.*	D'Yarrell.	Ang. Côt. de France.

HYDROBATIDÉS.

	Hydrobata (Vieil.).		**Aguassière.**	
	Cinclus. Lin.	*Aquaticus Bris.*	Cincle.	Eu. As.
	α Melanogaster. Brehm.		A ventre noir.	Eu. oc.
F.	Pallasii. Tem.		De Pallas.	As. Hélig. (Gæthe.)

ORIOLIDÉS.

	Oriolus (Lin.).		**Loriot.**	
	Galbula. Lin.		Jaune.	Eu. As. et Af. sep.

(1) Esp. certaine. Vian, *Rev. zoo.* 1870-1871 et 1873. — (2) Cat. Dubois et Blasius.

Budytes (G. Cuv.). Bergerette.

Motacilla (Lin.). Hochequeue.

HYDROBATIDÉS.

Hydrobata (Vieil.). Aguassière.

ORIOLIDÉS.

Oriolus (Lin.). Loriot.

TURDIDÉS.

	Ixos (Tem.).	Turdoïde.	
	Obscurus. Tem.	Obscur.	Af. sep. Esp.
F.	Capensis. Lin.	Du Cap.	Af. Angl. (Newton) (1).
F.	Aurigaster. Vieil.	A ventre jaune.	Af. Irlan. (Yarrell) (2).
F.	Nigricans. Vieil.	De Levaillant.	Af. or. Syr. Naxos (3).
	Turdus (Lin.).	**Merle.**	
	Merula. Lin.	Noir.	Eu. As. Af.
	Torquatus. Lin.	A plastron.	Eu. As. oc. Af. sep.
F.	Pallidus. Gmé. *Pallens Pal.*	Pâle.	As. All. Ita. Fran.
?	Olivaceus. Lin.	Olive.	Af. mé. Italie? (4).
F.	Migratorius. Lin.	Erratique.	Am. sep. Eu.
F.	Carolinensis. Lin. *Lividus Wils.*	Miauleur.	Am. sep. All. Hélig.
F.	Fuscatus. Pal. *Naumanni Tem.* 4e partie.	Brun.	As. sep. Eu. cent.
F.	Naumanni. Tem. 1re partie.	Naumann.	Eu. or. As. oc.
F.	Ruficollis. Pal.	A cou roux.	As. cent. All. Hélig.
F.	Atrigularis. Tem.	A gorge noire.	As. sep. Eu. cent.
F.	Sibiricus. Pal.	Sibérien.	Sibérie. All. Fran.
	Pilaris. Lin.	Litorne.	Eu. As. sep.
	Viscivorus. Lin.	Draine.	Eu.
F.	Aureus. Holland.	Doré.	As. cen. sep. Eu.
	Iliacus. Lin.	Mauvis.	Eu. As. et Af. sep.
	Musicus. Lin.	Grive.	Eu. As. Af.
F.	Minor. Gmé. *Wilsoni Bpte.*	Grivette.	Am. sep. Pomér. (Homeyer.)
F.	Solitarius. Wilson.	Solitaire.	Am. sep. Alle. Suisse.
F.	Swainsonii. Caba.	De Swainson.	Am. sep. Eu.
F.	Rufus. Lin.	Roux.	Am. sep. Héli. (Gæthe.)
	Rubecula (Brehm).	**Rouge-gorge.**	
	Familiaris. Blyth.	Familier.	Eu.

(1) Yarrell, 4e édit., t. I, p. 247. — (2) Échappé de cage selon de Selys-Long. — (3) Déniché dans les îles de l'Arch. grec par le Dr Kruper et examiné par von Heuglin (Litteris). — (4) Filippi, contesté p. Salvadori, accepté p. Gray.

TURDIDÉS.

Ixos (Tem.). Turdoïde.

Turdus (Lin.). Merle.

Rubecula (Brehm). Rouge-gorge.

	Lusciola (Keys et Bl.).	**Lusciole.**	
	Philomela.		
	Luscinia. Lin.	Rossignol.	Eu. As. oc. Af. or.
	Philomela. Bechst.	Philomèle.	Eu. or. As. Égyp.
	Cyanecula.		
	Suecica. Lin.	Gorge-bleue.	Eu. As. Af. sep.
	α Cærulecula. Pal.	Orientale.	Rus. Sibér. oc.
	Ruticilla (Brehm).	**Rubiette.**	
	Phœnicura. Lin.	De muraille.	Eu. As. Af.
F.	Erythrogastra. Gülden. *Aurora Pal.*	Aurore.	As. oc. Eu. or.
F.	Erythronota. Eversm.	Erythronote.	As. Rus. (Evers.)
	Tithys. Scopo.	Rouge-queue.	Eu. As. Af.
	α Cairii. Z. Gerbe.	De Caire.	Alpes françaises.
F.	Moussieri. Trist.	De Moussier.	Alg. Esp. (1).
	Monticola (Boie).	**Monticole.**	
	Saxatilis. Lin.	De roche.	Eu. mé.
	Cyanea. Lin.	Bleu.	Eu. mé. Af. sep.
	Saxicola (Bechst).	**Traquet.**	
	Œnanthe. Lin.	Motteux.	Eu. As. Af. sep.
F.	Saltator. Ménét.	Sauteur.	As. oc. Eu. or. Af.
	Stapazina. Gmél.	Stapazin.	Eu. mé. As. Af.
F.	Melanoleuca. Güld. *Deserti? Rupp.*	Noir-blanc.	Af. sep. Malte. (2).
F.	Gutturalis. Lich. *Salina Evers.*	Guttural.	Af. As. Rus. (3).
	Aurita. Temm. *Rufescens Bris.*	Oreillard.	Eu. mé. As. Af.
	Leucomela. Pal.	Leucomèle.	As. oc. Eu. or.
F.	α Lugens. Lich.	Deuil.	Smyr. Égyp. Grèce.
	Leucura. Gmél. *Cachinnans Tem.*	Rieur.	Eu. mé. As. Af.
	α Leucopyga. Breh. *Leucocephala Breh.*	Cul-blanc.	Af. Malte (4).
	Pratincola (Koch).	**Pratincole.**	
	Rubetra. Lin.	Tarier.	Eu. As. oc. Af. sep.
	Rubicola. Lin.	Rubicole.	Eu. As. Af. sep.

(1) *Ornith. of Gibral.*, p. 82. — (2) *Ibis* de 1874, p. 224. — (3) Musée de Brunswick. Blasius. — (4) *Ibis* de 1874, p. 223.

Lusciola (Keys et Bl.). Lusciole.

Ruticilla (Brehm). Rubiette.

Monticola (Boie). Monticole.

Saxicola (Bechst). Traquet.

Pratincola (Koch). Pratincole.

	Calliope (Gould).	**Calliope.**	
F.	Kamtschatkensis.	Du Kamtschatka.	As. Rus. Fran.
	Accentor (Bechst).	**Accenteur.**	
	Alpinus. Gmé.	Alpin.	Alp. Eu.
	Prunella.		
	Modularis. Lin.	Mouchet.	Eu. As. oc.
F.	Montanellus. Pal.	Montagnard.	As. oc. Rus. Ita.
	Sylvia (Scopo.).	**Fauvette.**	
	Atracapilla. Lin.	A tête noire.	Eu. As. oc. Af. sep.
	Hortensis. Gmél.	Des jardins.	Eu. Af. sep.
	Curruca.		
	Curruca. Bris.	Babillarde.	Eu. As. Af.
	Orphea. Tem.	Orphée.	Eu. Af. sep.
	Cinerea. Bris.	Grisette.	Eu. As. oc. Af.
	Subalpina. Bonelli. Passerina Tem.	Subalpine.	Eu. Af.
	Conspicillata. Marmo.	A lunettes.	Eu. mé. As. oc.
	Nisoria. Bechst.	Épervière.	Eu. sep. et or.
	Melanocephala. Gmél.	Mélanocéphale.	Eu. mé. Af. sep.
F.	Ruppellii. Tem.	Ruppell.	Eu. or. Af.
	Melizophilus.		
	Provincialis. Gmé.	Provençale.	Eu. mé. et or.
	Sarda. Marmo.	Sarde.	Eu. mé. Af. sep.
	Ædon (Boie).	**Agrobate.**	
	Galactodes. Temm.	Rubigineux.	Eu. mé. As. oc. Af. sep.
	α Familiaris. Mén.	Familier.	Eu. mé. or. As. oc.
	Hypolais (Brehm).	**Hypolaïs.**	
	Icterina. Vieil.	Ictérine.	Eu.
	Polyglotta. Vieil.	Polyglotte.	Eu. mé. cen. Af. sep.
	Olivetorum. Strick.	Des oliviers.	Eu. mé. or. As. oc.
F.	Pallida. Z. Gerbe.	Pâle.	Af. sep. Esp.
F.	Elaeica. Lyndermay.	Ambiguë.	Af. sep. Eu. or.

Calliope (Gould). Calliope.

Accentor (Bechst). Accenteur.

Sylvia (Scopo.). Fauvette.

Ædon (Boie). Agrobate.

Hypolais (Brehm). Hypolaïs.

F.	Caligata. Licht. *Sella Eversm.*	Bottée.	Sibé. Eu. or. (1).
	Calamoherpe (Boie).	**Rousserole.**	
	Turdoïdes. Mey.	Turdoïde.	Eu. As. Af.
	Arundinacea. Gmél. *Horticola Nau.*	Effarvatte.	Eu.
	Palustris. Bechst.	Verderolle.	Eu.
F.	Agricola. Jerd. *Capistrata. Severz.*	Agricole.	Ind. Turk. Rus. mé. (2).
	Cettia (Bpte).	**Bouscarle.**	
	Lusciniopsis.		
	Luscinoïdes. Savi.	Lucinoïde.	Eu.
	Fluviatilis. Mey et W.	Riveraine.	Eu. mé. or. Af. sep.
	Cettia.		
	Cettti. Marmo. *Sericea Tem.*	Cetti.	Eu. mé.
	Amnicola.		
	Melanopogon. Tem.	A moustach. noir.	Eu. mé. Af. sep.
	Locustella (Kaup.).	**Locustelle.**	
	Nævia. Briss.	Tachetée.	Eu.
F.	Lanceolata. Tem.	Lancéolée.	As. sep. Rus. Ita. (3).
F.	Certhiola. Pal.	Trapue.	As. sep. Hélig. (Gætke.)
	Calamodyta (Mey. et W.).	**Phragmite.**	
	Phragmitis. Bechst.	Des joncs.	Eu. As. Af.
	Aquatica. Lath.	Aquatique.	Eu. mé. oc. Af. sep.
	Cisticola (Lesson).	**Cisticole.**	
	Schœnicola. Bpte.	Ordinaire.	Eu. mé. Af. sep.

TROGLODYTIDÉS.

Troglodytes (Vieil.).	**Troglodyte.**	
Parvulus. Koch.	Mignon.	Eu. As. Af. sep.
α Borealis. Fisch.	Boréal.	Eu. sep.

(1) Ainsi que Gerbe le pressentait avant d'avoir vu les œufs de cette espèce (Deg. et G., t. I, p. 512), la Caligata est une véritable Hypolaïs : son œuf, de couleur chair à points noirs, ne diffère de ceux de ses congénères que par une plus petite taille. Nous avons reçu l'oiseau et ses œufs bien authentiques des steppes des Kirghiz. — (2) M. von Heuglin a dernièrement reçu de M. Hencke un exemplaire de cette espèce, capturé aux environs d'Astrakan. — (3) Deg. et Ger., t. I, p. 532.

Calamoherpe (Boie). Rousserole.

Cettia (Bpte). Bouscarle.

Locustella (Kaup.) Locustelle.

Calamodyta (Mey. et W.). Phragmite.

Cisticola (Lesson). Cisticole.

TROGLODYTIDÉS.

Troglodytes (Vieil.). Troglodyte.

PHYLLOPNEUSTIDÉS.

	Phyllopneuste (Mey. et W.).	**Pouillot.**	
	Trochilus. Lin.	Fitis.	Eu. As. Af. sep.
	α Eversmanni. Bpte.	D'Eversmann.	Eu. or.
	Rufa. Briss.	Véloce.	Eu. Af. sep.
F.	α Borealis. Blas. *Eversmanni Midd.*	Boréal.	As. sep. Hélig. (Gætke.)
	Sibilatrix. Bechst. *Sylvicola. Lath.*	Siffleur.	Eu. Af. sep.
	Bonelli. Vieil. *Nattereri Tem.*	Bonelli.	Eu. cen. mé. Af. sep.
	Reguloïdes.		
F.	Superciliosa. Gmél. *Superciliosa Lath.*	A grands sourcils.	As. Eu. sep. Hélig.
	Regulus (G. Cuv.).	**Roitelet.**	
	Cristatus. Charle.	Huppé.	Eu. As.
	Ignicapillus. Brehm.	Triple bandeau.	Eu. Am. sep.
F.	Calendula. Lin.	Calendule.	Am. sep. Angl. (Gray.)

TANAGRIDÉS.

	Sylvicola (G. R. Gray).	**Sylvicole.**	
F.	Virens. Gmél.	Gorge-noire.	Am. sep. Hélig. (1).

PARIDÉS.

	Parus (Lin.).	**Mésange.**	
	Major. Lin.	Charbonnière.	Eu. As. sep.
	Ater. Lin.	Noire.	Eu. Sibé.
	α Britannicus. Sharp. et Dres.	Britannique.	Grande-Bretagne.
	Cæruleus. Lin.	Bleue.	Eu.
F.	Cyanus. Pal.	Azurée.	Eu. et As. sep.
	Cristatus. Lin.	Huppée.	Eu.
	Pœcile.		
	Palustris. Lin. *Nec Temminck.*	Des marais.	Eu. sep.
	α Borealis. De Selys.	Boréale.	Islande.
	β Alpestris. Bail.	Alpestre.	Alpes suisses et franç.

(1) Collection Gæthe.

PHYLLOPNEUSTIDÉS.

Phyllopneuste (Mey. et W.). Pouillot.

Regulus (G. Cuv.). Roitelet.

TANAGRIDÉS.

Sylvicola (G. R. Gray). Sylvicole.

PARIDÉS.

Parus (Lin.). Mésange.

	Communis. Baldens.	Nonnette.	Eu. Rég. temp.
F.	Sibiricus. Gmél.	Sibérienne.	Eu. sep. Sibé.
F.	Lugubris. Natt.	Lugubre.	Eu. or.
	Orites (Mœhring).	**Orite.**	
	Caudatus. Lin.	Longicaude.	Eu. As. oc.
	α Irbii. Sharpe et Dres.	Espagnole.	Esp. (1).
	Tephronotus. Günther.	Tephronôte.	Turq. d'Eu. et d'As. (2).
	Ægithalus (Boie).	**Remiz.**	
	Pendulinus. Lin.	Penduline.	Eu. or. mé.
F.	α Galliardi. Nobis. *Caslancus Tever?*	De Galliard.	Rus. mé. Turkest. ? (3).
	Panurus (Koch).	**Panure.**	
	Biarmicus. Lin.	A moustaches.	Eu. cen. mé.

AMPÉLIDÉS.

	Ampelis (Lin.).	**Jaseur.**	
	Garrulus. Lin.	De Bohême.	Eu. sep. As. sep.
?	Cedrorum. Vieil.	Des cèdres.	Am. sep. Angl. (4).

MUSCICAPIDÉS.

	Muscicapa (Bris.).	**Gobe-Mouche.**	
	Nigra. Bris. *Luctuosa Sem.*	Noir.	Eu. As. sep. Af. sep.
	Collaris. Bechst.	A collier.	Eu. cen. As. or. Af.
	Butalis (Boie).	**Butalis (5).**	
	Grisola. Lin.	Gris.	Eu. Af. As. oc.
	Erythrosterna (Brte).	**Érysthroterne.**	
	Parva. Bechst.	Rougeâtre.	Eu. mé. As. c. Af. sep.

(1) *Ornith. of Gibral.*, p. 99. — (2) Vian, *Rev. zoo.* de 1873, et Günther, *Ibis* de 1865. — (3) Lettre d'Olf. Galliard, *in Ibis*, 1875, p. 269. Cet oiseau étant innommé, nous avons cru remplir un devoir de justice en le désignant sous le nom de son propagateur, l'éminent ornithologiste Léon Olphe Galliard. — (4) P. Newton. Échappé de cage? — (5) Il nous paraît difficile, si l'on tient compte de la nidification, de ne pas admettre trois genres de Muscicapidés d'Europe.

Orites (Mœhring). Orite.

Ægithalus (Boie). Remiz.

Panurus (Koch). Panure.

AMPÉLIDÉS.

Ampelis (Lin.). Jaseur.

MUSCICAPIDES.

Muscicapa (Bris.). Gobe-mouche.

Butalis (Boie). Butalis).

Erythrosterna (Bpte). Érythrosterne.

HIRUNDINIDÉS.

	Hirundo (Lin.).	**Hirondelle.**	
	Rustica. Lin.	Rustique.	Eu. As. Alg.
F.	α Cahirica. Lichst. *Riocourii Aud.*	Du Caire.	Af. or. Égyp. Crimée.
	Daurica. Lin. *Alpestris Pal.*	Alpestre.	As. cen. mé. Hélig.
	α Rufula. Tem. *Daurica Savi.*	Rousseline.	As. oc. Af. or. Eu. or. (1).
	Biblis.		
	Ruspestris. Scopo.	Rupestre.	Eu. mé. At. sep. As. oc.
	Progne.		
F.	Purpurea. Lin.	Pourpre.	Am. sep. Ang. (Yar.) (2).
	Chelidon.		
	Urbica. Lin.	Urbaine.	Eu. As. Af.
F.	Bicolor. Vieil. *Viridis. Wils.*	Bicolore.	Am. s. Ang. (Gray.) (2).
	Cotyle.		
	Riparia. Lin.	De rivage.	Eu. As. Af. sep.

CYPSÉLIDÉS.

	Cypselus (Illi.).	**Martinet.**	
	Apus. Lin.	Noir.	Eu. As. Af.
	Pallidus. Shelley.	Pâle.	Af. Malte (3).
	Melba. Lin. *Alpina Sco.*	Alpin.	Eu. mé. Af.
	Chætura (Step.).	**Chæture** (4).	
F.	Caudacuta. Lin.	Australe.	Aust. Angl. (Gray.) (2).

CAPRIMULGIDÉS.

	Caprimulgus (Lin.).	**Engoulevent.**	
	Europæus. Lin.	D'Europe.	Eu. As. Af.
	Ruficollis. Tem.	A collier roux.	Af. Esp. Fran. mé.

(1) Cette race devrait être maintenue comme espèce, s'il est certain qu'elle a des œufs ponctués comme l'H. Rustica (capture de M. Lunel, Deg. et Ger., t. I, p. 591), tandis que l'H. Daurica de Sibérie les a blancs unicolores. — (2) L'admission de cette espèce parmi les oiseaux exceptionnellement européens ne peut guère être contestée, puisqu'elle ne peut vivre en captivité et avoir été importée. — (3) *Ibis*, 1874, p. 226. — (4) Ce genre, placé par Dubois dans les Cypsélidés, nous paraîtrait bien mieux à sa place dans les Hirundinidés.

HIRUNDINIDÉS.

Hirundo (Lin.). Hirondelle.

CYPSELIDES.

Cypselus (Illi.). Martinet.

Chætura (Step.). Chæture.

CAPRIMULGIDÉS.

Caprimulgus (Lin.). Engoulevent.

3E ORDRE. — PIGEONS.

COLOMBIDÉS.

	Columba (Lin.).	**Colombe.**	
	Palumbus. Lin.	Ramier.	Eu. As. sep. Af. sep.
	Œnas. Lin.	Colombin.	Eu. As. sep. Af. sep.
	Livia. Bris.	Biset.	Eu. As. Af. sep.
	Turtur (Selby).	**Tourterelle.**	
	Ectopistes.		
F.	Migratorius. Lin.	Voyageuse.	Am. s. Norw. Rus. Ang.
	Turtur.		
	Auritus. Ray.	Vulgaire.	Eu. As. Af.
F.	Rupicola. Pal.	Rupicole.	As. sep. Eu. sep.
	Senegalensis. Lin.	Sénégalaise.	As. Af. Rég. méditer.
F.	Risorius. Lin.	A collier.	Turq. (Naum.) Fra. (1).

4E ORDRE. — GALLINACÉS.

PTÉROCLIDÉS.

	Pterocles (Tem.).	**Ganga.**	
	Alchata. Lin. *Setarius Tem.*	Cata.	Af. As. Eu. mé.
	Arenarius. Pal.	Unibande.	Af. As. Eu. mé.
	Syrrhaptes (Illi.).	**Syrrhapte.**	
F.	Paradoxus. Pal.	Paradoxal.	As. Émig. en Eu.

(1) Catal. Lacroix, p. 171.

3e ORDRE. — PIGEONS.

COLOMBIDÉS.

Columba (Lin.). Colombe.

Turtur (Selby). Tourterelle.

4e ORDRE. — GALLINACÉS.

PTÉROCLIDÉS.

Pterocles (Tem.). Ganga.

Syrrhaptes (Illi.). Syrrhapte.

TÉTRAONIDÉS.

Lagopus (Bris.).	**Lagopède.**	
Scoticus. Bris.	Rouge.	Grande-Bretagne.
Albus. Gmé. *Subalpinus Nil.*	Subalpin.	Lap. Suè. Norw. Am. s.
α Hemileucurus. Gould.	Hyperboré.	Spitzberg (1).
Mutus. Martin. *Alpinus Nil.*	Alpin.	Eu. cen. Hémis. bor.
α Islandorum. Fab.	D'Islande.	Exclus. l'Islande.
Tetrao (Lin.).	**Tétras.**	
Urogallus. Lin.	Urogalle.	Eu. As. sep.
Tetrix. Lin.	Lyre.	Eu. As. sep.
Bonasa.		
Bonasia. Lin.	Gélinotte.	Eu. As. oc.
Tetraogallus (J. E. Gray).	**Tétraogalle.**	
F. Caspius.	Caspien.	Caucase. Rus.
Francolinus (Lin.).	**Francolin.**	
Vulgaris. Step.	Vulgaire.	As. Mi. Eu. mé.
Perdix (Bris.).	**Perdrix.**	
Græca. Briss. *Saxatilis Mey.*	Bartavelle.	Eu. mé.
Chukar. G. R. Gray.	Chukar.	Grèc. Tur. As. Mi. Inde.
Rubra. Briss.	Rouge.	Eur.
Petrosa. Gmé.	Gambra.	Af. sep. Eu. mé.
Starna.		
Cinerea. Charleton.	Grise.	Eu. Af. sep. As. oc.
α Damascena. Bris.	De passage.	France.
Coturnix (Mœhri.).	**Caille.**	
Communis. Bonna.	Commune.	Eu. As. Af.

CRYPTURIDÉS.

Turnix (Bonna.).	**Turnix.**	
Sylvaticus. Desf.	Andaloux.	Eu. mé. As. oc. Af. sep.

(1) Gaym., *Voy. Scand.* XXXVIII, tab.

TÉTRAONIDÉS.

Lagopus (Bris.). Lagopède.

Tetrao (Lin.). Tétras.

Tetraogallus (J. E. Gray). Tétraogalle.

Francolinus (Step.). Francolin.

Perdix (Bris.). Perdrix.

Coturnix (Mœhri.). Caille.

CRYPTURIDÉS.

Turnix (Bonna.). Turnix.

PHASIANIDÉS.

	Phasianus (Lin.).	**Faisan.**	
	Colchicus. Lin.	De Colchide.	As. oc. Eu. mé. cen.

5^E ORDRE. — ÉCHASSIERS.

OTIDIDÉS.

	Otis (Lin.).	**Outarde.**	
	Tarda. Lin.	Barbue.	Eu. As. oc.
	Tetrax. Lin.	Canepetière.	As. oc. Af. sep. Eu.
	Houbara.		
	Houbara. Gmé.	Houbara.	Af. sep. Eu. mé.
F.	Macqueenii. G. R. Gray.	De Macqueen.	As. cen. Eu. or. cen.

GLARÉOLIDÉS.

	Glareola (Bris.).	**Glaréole.**	
	Pratincola. Lin.	Pratincole.	Eu. or. mé. As. Af. sep.
	Melanoptera. Nord. *Pallasii Bru.*	Mélanoptère.	Eu. or. As. Mi. Af. or.

CHARADRIIDÉS.

	Œdicnemus (Tem.).	**Œdicnème.**	
	Crepitans. Tem.	Criard.	Eu. c. mé. As. oc. Af. s.
	Cursorius (Lath.)	**Courvite.**	
	Gallicus. Gmél.	Isabelle.	Af. sep. Eu. mé.
	Pluvianus (Vieil.).	**Pluvian.**	
F.	Ægyptius. Lin.	D'Égypte.	Af. Esp. (1).

(1) Un exemplaire a été observé dans le sud de l'Espagne par le duc Ernest de Saxe-Cobourg-Gotha.

PHASIANIDÉS.

Phasianus (Lin.). Faisan.

5e ORDRE. — ÉCHASSIERS.

OTIDIDÉS.

Otis (Lin.). Outarde.

GLARÉOLIDES.

Glareola (Bris.). Glaréole.

CHARADRIIDÉS.

Œdicnemus (Tem.). Œdicnème.

Cursorius (Lath.). Courvite.

Pluvianus (Vieil.). Pluvian.

	Genre / Espèce	Nom français	Habitat
	Pluvialis (Barré).	**Pluvier.**	
	Apricarius. Lin. *Aurea Bris.*	Doré.	Eu. As. Af. sep.
F.	Fulvus. Gmé. *Longipes Tem.*	Fauve.	Af. As. Océa. Malte.
	Varius. Bris. *Helveticus Vieil.*	Suisse.	As. Am. Eu. sep.
F.	α Virginicus. Borkh.	Virginien.	Am. sep. Héligol.
	Morinellus.		
	Morinellus. Briss. *Sibiricus Lep.*	Guignard.	Eu. sep. As. oc. Af. sep.
	Asiaticus. Pal.	Asiatique.	As. Am. bo. Af. or. Rus. et Hélig.
	Charadrius (Lin.).	**Gravelot.**	
F.	Vociferus. Lin.	Criard.	Am. sep. Ang. (Yarrell.)
	Hiaticula. Lin. *Torquata Bris.*	Hiaticule.	Eu. As. Af.
	Philippinus. Scopo. *Minor Mey.*	Des Philippines.	Eu. As. Af.
	Cantianus. Lat.	De Kent.	Eu. As. Af. sep.
F.	Mongolicus. Pal. *Rubricollis Cuv.*	Mongol.	As. sep. Rus.
	Hoplopterus (Bpte).	**Hoploptère.**	
	Spinosus. Lin.	Armé.	Af. Eu. or. mé.
	Vanellus (Lin.).	**Vanneau.**	
	Chetusia.		
	Gregarius. Pal. *Keptuschka Lepe.*	Social.	Eu. or. As. oc. Af. or.
F.	Vilotæi. Sav., 1809. *Leucurus Licht.*	Villoteau.	France. As. Af.
	Vanellus.		
	Cristatus. Mey et W.	Huppé.	Eu. As. oc. Af. sep.
	Hæmatopus (Lin.).	**Huîtrier.**	
	Ostralegus. Lin.	Pie.	Eu. As. Af. sep.
	Strepsilas (Illi.).	**Tourne-pierre.**	
	Interpres. Lin.	Vulgaire.	Eu. sep. cen. Am. sep.

SCOLOPACIDÉS.

	Genre / Espèce	Nom français	Habitat
	Numenius (Mœhr.).	**Courlis.**	
	Arquata. Lin.	Cendré.	Eu. As. Af. sep.
	Tenuirostris. Vieil.	A bec grêle.	Eu. mé. Af. sep.

Pluvialis (Barré). Pluvier.

Charadrius (Lin.). Gravelot.

Hoplopterus (Bpte). Hoploptère.

Vanellus (Lin.). Vanneau.

Hæmatopus (Lin.). Huîtrier.

Strepsilas (Illi.). Tourne-pierre.

SCOLOPACIDÉS.

Numenius (Mœhr.). Courlis.

	Phœpus. Lin.	Corlieu.	Eu. As. sep. Af. or. oc.
F.	Hudsonicus. Lat. *Borealis Gmé.*	De la baie d'Hudson.	Am. sep. Islan. Angl.
F.	Borealis Lat. *Brevirostris Licht.*	Boréal.	Am. sep. Écos. (Yarr.)
	Limosa (Bris.).	**Barge.**	
	Ægocephala. Lin. *Melanura Leis.*	A queue noire.	Eu. As. Af.
	Rufa. Bris.	Rousse.	Eu. As. Af.
	Terekia (Bpte).	**Térékie.**	
F.	Cinereus. Guld.	Cendrée.	Eu. sep. or. As. Af.
	Macroramphus (Leach.).	**Macroramphe**	
F.	Griseus. Gmél.	Gris.	Am. sep. Eu. sep. cen.
	Scolopax (Lin.).	**Bécasse.**	
	Rusticula. Lin.	Ordinaire.	Eu. As. Af. sep.
	Gallinago (Leach.).	**Bécassine.**	
	Major. Gmél. *Media Frisch.*	Double.	Eu. As. sep. Af. sep.
	Scolopacinus. Bpte.	Ordinaire.	Eu. As. Af. sep.
	Gallinula. Lin.	Sourde.	Eu. As. Af. sep.
	Calidris (Illi.).	**Sanderling.**	
	Arenaria. Lin.	Des sables.	Cosmop.
	Tringa (Lin.).	**Bécasseau.**	
	Canutus. Lin.	Maubèche.	Eu. Hémis. bor.
	Maritima. Brün.	Maritime.	Eu. Hémis. bor.
	Pelidna.		
	Subarquata. Güld.	Cocorli.	Eu. As. Af. sep. Am.
	Cinclus. Lin. *Variabilis M. et W.*	Cincle.	Eu. As. Af. Am.
	α Torquata. Bris. *Schinzii Brehm.*	A collier.	Eu. sep. As. sep.
F.	Maculata. Vieil. *Pectoralis Say.*	Tacheté.	Am. sep. Angl. (Yarr.)
F.	Melanotos. Vieil.	A dos noir.	Am. sep. Angl. Fran.
	Minuta. Leisl.	Minule.	Eu. As. Af.
	Temminckii. Leisl.	Temmia.	Eu. As. cen. Af. sep.
F.	Pusilla. Wils. *Wilsonii Nuth.*	Poussin.	Am. sep. Angl. (Yarr.)
	Platyrhyncha. Tem.	Platyrhynque.	Eur. As. Am. Af. or.

Limosa (Bris.). Barge.

Terekia (Bpte). Térékie.

Macroramphus (Leach.). Macroramphe.

Scolopax (Lin.). Bécasse.

Gallinago (Leach.). Bécassine.

Calidris (Illi.). Sanderling.

Tringa (Lin.) Bécasseau.

	Actiturus (Bpte).	**Actiture.**	
F.	Rufescens. Vieil.	Rousset.	Am. sep. Ang. Fr. Héli.
	Machetes (G. Cuv.).	**Combattant.**	
	Pugnax. Lin.	Ordinaire.	Eu. As. sep. Af.
	Totanus (Bechst).	**Chevalier.**	
	Griseus. Bris. *Glottis Pal.*	Aboyeur.	Eu. As. Af. sep.
	Fuscus. Lin.	Brun.	Eu. As. sep.
	Calidris. Lin.	Gambette.	Eu. As. Af. sep.
F.	Flavipes. Gmé.	A pieds jaunes.	Am. sep. Angl. (Yarr.)
	Stagnatilis. Bechst.	Stagnatile.	Eu. As. Af. sep.
	Glareola. Lin.	Sylvain.	Eu. As. Af. sep.
F.	Chloropygius. Vieil.	Solitaire.	Am. mé. sep. Écos. (1).
	Ochropus. Lin.	Cul-blanc.	Eu. As. sep. Af. sep.
	Actitis.		
	Hypoleucos. Lin.	Guignette.	Eu. As. sep. Af. sep.
F.	Macularius. Lin.	Grivelé.	Am. sep. Eu. oc.
	Bartramia.		
F.	Longicauda. Bech.	Longicaude.	Am. sep. Eu. cen.
	Symphemia (Raf.).	**Symphémie.**	
F.	Semipalmalta. Gmél.	Semi-palmée.	Am. sep. Suè. France.
	Phalaropus (Bris.).	**Phalarope.**	
	Fulicarius. Lin. *Glacialis Gmé.*	Dentelé.	Hémis. bor. Eu. cen.
	Lobipes.		
	Hyperborea. Lin.	Hyperboré.	Hémis. bor. Eu. cen.
	Recurvirostra (Lin.).	**Récurvirostre.**	
	Avocetta. Lin.	Avocette.	Eu. As. Af. sep.
	Himantopus (Bris.).	**Échasse.**	
	Candidus. Bonnat.	Blanche.	Eu. mé. As. Af. sep.

(1) G. R. Gray, *Ibis* 1870, p. 292.

Actiturus (Bpte). Actiture.

Machetes (G. Cuv.) Combattant.

Totanus (Bechst). Chevalier.

Symphemia (Raf.). Symphémie.

Phalaropus (Bris.). Phalarope.

Recurvirostra (Lin.). Récurvirostre.

Himantopus (Bris.). Échasse.

RALLIDÉS.

	Rallus (Lin.).	**Râle.**	
	Aquaticus. Lin.	D'eau.	Eu. As. sep. Af. sep.
	Crex.		
	Crex. Lin.	De genêt.	Eu. As. sep. Af. sep.
	Porzana.		
	Porzana. Lin.	Marouette.	Eu. As. sep. Af. sep.
	Baillonii. Vieil.	De Baillon.	Eu. As. Af. sep.
	Minutus. Pal. *Parvus Scop.*	Poussin.	Eu. As. Af. sep.
	Gallinula (Bris.).	**Gallinule.**	
	Chloropus. Lin.	Poule d'eau.	Eu. As. oc. Af.
	Porphyrio (Barré).	**Talève.**	
	Cæsius. Barré.	Bleu.	Eu. mé. Af. sep.
?	Smaragnotus. Tem.	Émeraudine.	Madag. Sicile (1).
?	Alleni. Thomps.	D'Allen.	Af. Madag. Lucques (2).
?	Martinicus. Lin.	De la Martinique.	Am. mé. Irlande (3).
	Parra (Lin.).		
?	Jacana. Lin.	Jacana.	Am. mé. Fra. mé. (4).
	Fulica (Lin.).	**Foulque.**	
	Atra. Lin.	Noire.	Eu. As. sep. Af. sep.
	Cristata. Gmél.	A crête.	Af. Esp. Fran. Ita.

GRUIDÉS.

	Grus (Pal.).	**Grue.**	
	Cinerea. Bechst.	Cendrée.	Eu. As. sep. Af. sep.
F.	Antigone. Lin.	Antigone.	As. Rus. mé.
	Leucogeranus. Pal.	Leucogérane.	As. sep. cen. Rus. mé.

(1) De Selys-L, *Ibis* de 1870, p. 454. — (2) Gray ex Savi. — (3) Dubois ex Gray. — (4) *Rev. zoo.* 1854, p. 6. Nous ne donnons qu'avec le plus grand doute les quatre espèces qui précèdent, quoique capturées en Europe, parce qu'elles sont de celles que tous les jardins zoologiques possèdent.

RALLIDÉS.

Rallus (Lin.). Râle.

Gallinula (Bris.). Gallinule.

Porphyrio (Barré). Talève.

Para (Lin.).

Fulica (Lin.). Foulque.

GRUIDÉS.

Grus (Pal.). Grue.

	Latin	Français	Distribution
	Anthropoïdes.		
	Virgo. Lin.	Demoiselle.	As. Af. Eu. mé.
	Balearica.		
F.	Balearica. Antiq. Pavonina L.	Baléarique.	As. Eu. mé. (Degland).

ARDÉIDÉS.

	Latin	Français	Distribution
	Ardea (Lin.).	**Héron.**	
	Cinerea. Lin.	Cendré.	Eu. As. Af.
F.	Melanocephala. Vig.	Mélanocéphale.	Af. Eu. mé.
	Purpurea. Lin.	Pourpré.	Eu. As. Af.
	Egretta.		
	Alba. Lin. Egrettoïdes Gmé. nec Tem.	Aigrette.	Eu. Af. sep.
	Garzetta. Lin.	Garzette.	Eu. As. Af. Aust.
	Bubulcus.		
	Ibis. Hassel. Russata Wag. nec Tem.	Garde-bœuf.	Eu. Af.
	Buphus.		
	Ralloïdes. Scopo.	Crabier.	Eu. mé. or. Af. oc.
	Ardeola.		
F.	Sturmi. Wagl.	De Sturm.	Af. Eu. m. (Degland. G.)
	Minuta. Lin.	Blongios.	Eu. As. Af.
	Nycticorax (Step.).	**Bihoreau.**	
	Europeus. Step.	d'Europe.	Cosmop.
	Botaurus (Step.).	**Butor.**	
	Stellaris. Lin.	Étoilé.	Cosmop.
F.	Freti-Hudsonis. Bris.	Lentigineux.	Am. sep. Alle. Angl.

CICONIIDÉS.

	Latin	Français	Distribution
	Ciconia (Bris.).	**Cigogne.**	
	Alba. Willugh.	Blanche.	Eu. As. oc. Af. sep.
	Nigra. Gesner.	Noire.	Eu. cen. mé. As. Af. s.
F.	Abdimii. Licht.	Abdimii.	Af. trop. Esp. (1).

(1) Saunders, *Ibis* de 1871, p. 393.

ARDÉIDÉS.

Ardea (Lin.). Héron.

Nycticorax (Step.). Bihoreau.

Botarus (Step.). Butor.

CICONIIDÉS.

Ciconia (Bris.). Cigogne.

	Platalea (Lin.).	**Spatule.**	
	Leucorodia. Lin.	Blanche.	Eu. As. Af. sep.

TANTALIDÉS.

	Ibis (Illi.).	**Ibis.**	
F.	Religiosa. G. Cuv.	Sacré.	Af. Grè. (Deg. Ger.)
	Falcinellus (Bechst).	**Falcinelle.**	
	Igneus. Gmél.	Éclatant.	Eu. As. Af. sep.

PHÉNICOPTÉRIDÉS.

	Phœnicopterus (Lin.)	**Phénicoptère.**	
	Roseus. Pal.	Rose.	Eu. mé. As. oc. Af. sep.
F.	Erythrœus. Verr.	Erythrin.	Af. sep. Port. Malte (1).

6E ORDRE. — PALMIPÈDES.

PÉLÉCANIDÉS.

Pelecanus (Lin.)	**Pélican.**	
Onocrotalus. Lin. *Minor Rup.*	Blanc.	Eu. Af. sep. Inde
Crispus. Bruch.	Frisé.	Eu. or. As. Af. sep.
Sula (Bris.).	**Fou.**	
Bassana. Lin.	De Bassan.	Eu. sep et cen.
Phalacrocorax (Bris.).	**Cormoran.**	
Carbo. Lin.	Ordinaire.	Eu. sep. cen. Sib.

(1) *Ibis* 1874, p. 227. Le P. Erythrin est une espèce bien caractérisée que nous avons pu étudier de près dans les schoth (lacs salés) du Sahara algérien, où nous l'avons rencontrée par bandes de 100 à 200 individus.

Platalea (Lin.). Spatule.

TANTALIDÉS.

Ibis (Illi.). Ibis.

Falcinellus (Bechst). Falcinelle.

PHÉNICOPTÉRIDÉS.

Phœnicopterus (Lin.). Phénicoptère.

6e ORDRE. — PALMIPÈDES.

PÉLÉCANIDÉS.

Pelecanus (Lin.). Pélican.

Sula (Bris.). Fou.

Phalacrocorax (Bris.). Cormoran.

	Cristatus. Fabr.	Huppé.	Eu. sep. mé.
	α Desmarestii. Peyr.	Desmarest.	Eu. mé. Féroë. Isl.
	Pygmæus. Pal.	Pygmée.	Eu. or. As. oc. Af. sep.
	Fregata (Barré).	**Frégate.**	
F.	Marina. Barré.	Marine.	Rég. intertrop. Alle.
	Phaeton (Lin.).	**Phaéton.**	
F.	Æthereus.	Éthéré.	Mer trop. Norw. Héli.

PROCELLARIDÉS.

	Diomedea (Lin.).	**Albatros.**	
F.	Exulans. Lin.	Hurleur.	Hém. aust. Suè. Fr. Bel.
F.	Chlororhynchos. Gmél.	Chlororhynque.	Hémis. aust. Norwége.
	Procellaria (Lin.).	**Pétrel.**	
F.	Gigantea. Lin.	Géant.	Hémis. aust. Alle. (1).
	Glacialis. Lin.	Glacial.	Hémis. bor. Eur. sep.
F.	Capensis. Lin.	Du Cap.	Hém. aust. Fra. (Degl.)
F.	Hasitata. Kuhl.	Hasite.	As. Angl. France.
	Puffinus (Bris.).	**Puffin.**	
	Cinereus. Kuhl.	Cendré.	Mer Méditer.
	Major. Faber.	Majeur.	Océ. Atlan. Mer glac.
	Anglorum. Ray. *Arcticus Fab.*	Des Anglais.	Eu. sep. Am. sep. Af. oc.
	Yelkouan. Acerbi.	Yelkouan.	Eu. or. mé. Af. sep.
F.	Obscurus. Gmél.	Obscur.	Am. Angl. France.
F.	Fuliginosus. Strickl.	Fuligineux.	Am. sep. Angl. France.
	Thalassidroma (Vig.).	**Thalassidrome.**	
	Pelagica. Lin.	Tempête.	Cosmop.
F.	Oceanica. Kuhl. *Pelagica Wils.*	Océanien.	Am. Fran. Angl.
F.	Leucorhoa. Vieil. *Leachii Tem.*	Cul-blanc.	Océ. Atlan. Eu. oc.
F.	Bulweri. Jardine.	De Bulwer.	Af. oc. Angl.

(1) Sur le Rhin. Musée Mogunt. Cat. Blasius

Fregata (Barré). Frégate.

Phaeton (Lin.). Phaéton.

PROCELLARIDÉS.

Diomedea (Lin.). Albatros.

Procellaria (Lin.). Pétrel.

Puffinus (Bris.). Puffin.

Thalassidroma (Vig.). Thalassidrome.

LARIDÉS.

	Stercorarius (Bris.).	**Labbe.**	
	Catarractes. Lin.	Cataracte.	Eu. Hémis. bor.
	Pomarinus. Tem.	Pomarin.	Eu. Hémis. bor.
	Parasiticus(?). Lin.	Parasite.	Eu. Hémis. bor.
	Longicaudus. Bris.	Longicaude.	Eu. Hémis. bor.
	Larus (Lin.).	**Goéland.**	
	Rhodostetia.		
F.	Roseus. Macgil. *Rossii Rich.*	Rose.	Am. Ang. Héli. Fra.-Jos. Land.
	Pagophila.		
	Eburneus. Gmél.	Blanc.	Rég. arct. Eu. cen.
	Larus.		
	Glaucus. Brünn.	Bourgmestre.	Eu. sep. Am. sep.
	Leucopterus. Ferber.	Leucoptère.	Rég. arct. Eu. cen.
	Marinus. Lin.	Marin.	Eu. As. sep.
	Fuscus. Lin. *Flavipes Mey. W.*	Brun.	Cosmop.
	Argentatus. Brünn.	Argenté.	Eu. sep. et or. As. Ég.
	α Leucophœus. Lichst.	Leucophée.	Mer Méditer.
	β Heuglinii. Bree. *Cachinnans P.*	D'Heuglin.	Wolga. Mer Casp. Égy.
	Audouini. Payr.	D'Audouin.	Eu. mé. As. oc. Af. s.
	Gelastes. Licht.	Railleur.	Eu. mé. As. cen. Af. s.
	Canus. Lin.	Cendré.	Eu. As.
	α Niveus. Pal.	Neigeux.	As. or. sep. Eu. or.
	Tridactylus. Lin.	Tridactyle.	Eu. Am. et As. sep.
	Leucophthalmus. Lichs.	Leucophthalme.	Eu. or. Af. or. sep.
F.	Atricilla. Lin.	Atricille.	Am. sep. Angl. France.
	Ichthyaetus. Pal. *Minor Schl.*	Ichthyaëte.	Eu. or. As. oc. Af. or.
	Ridibundus. Lin.	Rieur.	Eu. Af. sep. As. oc.
	Melanocephalus. Natter.	Mélanocéphale.	Mer Médit.
F.	Bonapartii. Richar.	Bonaparte.	Am. sep. Angl. (Yarr.)
	Minutus. Pal.	Pygmée.	Eu. or. As. oc.
F.	Sabinei. Leach.	De Sabine.	Eu. cen. sep. Am. As.
	Anoüs (Leach.).	**Noddi.**	
F.	Stolidus. Lin.	Niais.	Mers intertr. Fra. Ang.

LARIDÉS.

Stercorarius (Bris.). Labbe.

Larus (Lin.). Goéland.

Anoüs (Leach.). Noddi.

	Sterna (Lin.).		**Sterna.**	
	Caspia. Pal.		Tschegrava.	Eu. mé. As. Af.
	Anglica. Monta.		Hansel.	Cosmop.
	Cantiaca. Gmél.		Caugek.	Eu. Af. sep.
F.	Affinis. Rüpp.	*Flavirostris Dub.*	Voyageuse.	Af. sep. Eu. or.
F.	Bergii. Lichst.	*Velox Rup.*	De Berge.	Eu. or. Af.
	Hirundo. Lin.	*Fluviatilis Nau.*	Pierre-Garin.	Eu. Am. sep. As. sep.
	Parasidea. Brünn.	*Arctica Tem.*	Paradis.	Eu. As. Am. sep.
	Dougalli. Monta.	*Paradisea K. et B.*	Dougall.	Eu. sep. Am. sep.
	Minuta. Lin.		Naine.	Eu. Af. sep. Aust. Inde.
F.	Fuliginosa. Gmél.		Fuligineuse.	Am. All. Fran. Angl.
	Hydrochelidon.			
	Fissipes. Lin.	*Nigra Bris.*	Épouvantail.	Eu. Af. Am. sep.
	Nigra. Lin.	*Leucoptera Meis.*	Leucoptère.	Eu. cen. mé. As. Af. s.
	Hybrida. Pal.	*Leucoparcia Natle.*	Moustac.	Eu. mé. cen.

ANATIDÉS.

	Cygnus (Lin.).		**Cygne.**	
	Ferus. Ray.	*Musicus Bechst.*	Sauvage.	Eu. As. sep. Af. sep.
	Minor. Pal.	*Bewickii Yarr.*	De Bewick.	Eu. Sibé.
	Mansuetus. Ray.	*Olor. Gmél.*	Domestique.	Eu. As. oc. Af. sep.
	α Immutabilis. Yarr.		Invariable.	Eu. sep.
	Anser (Barré).		**Oie.**	
	Chen.			
F.	Hyperboreus Pal.		Hyperborée.	Hémis. bor. Eu. or.
	Anser.			
	Cinereus. Mey.	*Ferus Tem.*	Cendrée.	Eu. As. sep.
	Sylvestris. Briss.	*Segetum Gmé.*	Sauvage.	Eu. As. sep.
	Brachyrhynchus. Bail.	*Segetum Nau.*	A bec court.	Eu. sep. or.
	Albifrons. Gmé.		A front blanc.	Hémis. bor. Eu.
	α Pallipes. De Selys.		A pieds pâles.	France. Belgique.
	Erythropus. Lin.	*Temminckii boré.*	Naine.	Hémis. bor. Eu.

Sterna (Lin.). Sterna.

ANATIDÉS.

Cygnus (Lin.). Cygne.

Anser (Barré). Oie.

	Bernicla (Step.).	Bernache.	
	Leucopsis. Bechst.	Nonnette.	Eu. et As. sep.
	Brenta. Briss. *Bernicla Lin.*	Cravant.	Hémis. bor. Eu.
F.	Ruficollis. Pall.	A cou roux.	As. sep. Eu. or.
?	Canagica. Sewas. *Pictus Pal.*	Canagica.	Am. sep. Wolga. (Ver.)
	Chenalopex.		
F.	Ægyptiaca. Lin.	D'Égypte.	Eu. mé. cen. Af.
	Anas (Lin.).	**Canard.**	
	Tadorna.		
	Tadorna. Lin.	Tadorne.	Eu. As. sep. Af. sep.
	Casarca. Lin. *Rutila Pal.*	Casarca.	Eu. mé. As. sep. Af. s.
	Clypeata.		
	Clypeata. Lin.	Souchet.	Eu. Am. sep. Af. sep.
	Anas.		
	Boschas. Lin	Sauvage.	Cosmop.
	Chaulelasmus.		
	Strepera. Lin.	Chipeau.	Eu. As. et Af. sep.
	Mareca.		
	Penelope. Lin.	Siffleur.	Eu. As. et Af. sep.
F.	Americana. Gmél.	Jensen.	Am. sep. Angl. (Yarr.)
	Dafila.		
	Acuta. Lin.	Pilet.	Eu. As. oc. Af. sep.
	Querquedula.		
	Querquedula. Lin. *Et Circia.*	Sarcelle.	Eu. As. et Af. sep.
F.	Discors. Lin.	Soucrourou.	Am. sep. Fr. (Canivet.)
	Crecca. Lin. *Minor Bris.*	Sarcelline.	Eu. As. Af. sep.
F.	Formosa. Georgi. *Glocitans Pal.*	Formose.	As. Fr. (Deg. et Ger.) (1).
F.	Falcata. Pal.	A faucilles.	As. Hong. Eu. or.
	Angustirostris. Méné. *Marmorata Tem.*	Marbré.	Eu. mé. As. cen. Af. s.
F.	Sponsa. Lin.	Sponsa.	Am. s. Ang. Fr. All. (2).

(1) Vian., *Rev. zoo.* 1867. — (2) Tué à Berlin en 1852, sur le Mein en 1857. *Synonymie* du Dr Rey, p. 129. A notre avis, l'on ne peut guère se refuser à admettre comme européen un oiseau capturé cinq ou six fois en Europe, et qui, d'ailleurs, n'est lâché qu'éjointé dans les jardins zoologiques.

Bernicla (Step.). Bernache.

Anas (Lin.). Canard.

	Fuligula (Step.).	**Fuligule.**	
	Branta.		
	Rufina. Pal.	Roussâtre.	Eu. As. Af. or.
	Fuligula.		
	Cristata. Step.	Morillon.	Eu. As. et Af. sep.
F.	Collaris. Donov.	A collier.	Am. sep. Angl.
	Marila. Lin.	Milouinan.	Hém. bor. Eu. Af. or.
F.	α Affinis. Eyton. *Marila. Wils.*	Milouinette.	Am. sep. Angl.
	Ferina. Lin.	Milouin.	Eu. As. et Af. sep.
	Nyroca. Guld.	Nyroca.	Eu. As. sep. Af. or.
	Clangula.		
	Clangula. Lin.	Garrot.	Eu. Am. sep.
	Islandica. Gmél.	De Barrow.	Islan. Rég. arct.
F.	Albeola. Lin.	Religieuse.	Am. sep. Angl.
	Histrionica. Lin.	Histrion.	Eu. As. et Am. sep.
	Harelda.		
	Glacialis. Lin.	De Miquelon.	Eu. Hémis. bor.
	Eniconetta.		
	Stelleri. Pal.	De Steller.	Eu. As. et Am. sep.
	Somateria.		
	Mollissima. Lin.	Eider.	Eu. Hémis. bor.
	Spectabilis. Lin.	A tête grise.	Eu. Hémis. bor.
	Oïdemia.		
	Nigra. Lin.	Macreuse.	Eu. sep. et cen.
	Fusca. Lin.	Brune.	Eu. sep. et cen.
F.	Perspicillata. Lin.	A lunettes.	Eu. Am. sep.
	Erimistura (Bpte).	**Érimisture.**	
	Leucocephala. Scop.	Leucocéphale.	Eu. mé. Sibé. Af. sep.
	Mergus (Lin.).	**Harle.**	
	Merganser. Lin.	Bièvre.	Eu. Hémis. bor.
	Serrator. Lin.	Huppé.	Eu. Hémis. bor.
F.	Cucullatus. Lin.	Couronné.	Am. sep. Angl. Fran.
	Albellus. Lin.	Piette.	Eu. As. et Am. sep.

Fuligula (Step.). Fuligule.

Erimistura (B[pte]). Érimisture.

Mergus (Lin.). Harle.

PODICIPIDÉS.

	Podiceps (Lath.).	**Grèbe.**	
	Cristatus. Lin.	Huppé.	Eu. As. Af. Am.
	Grisegena. Gr. ex Bod.	Jougris.	Eu. As. Af. Am.
F.	α Holbölli. Rein.	De Holböll.	Am. sep. Eur.
?	Longirostris. Bpte.	Longirostre.	Sard. Af. sep. (Loche.)
	Auritus. Lin.	Oreillard.	Eu. Af. sep.
	Nigricollis. Sundew. *Auritus Bris.*	A cou noir.	Eu. Af. sep.
	Fluviatilis. Briss. *Minor Gmé.*	Castagneux.	Cosmop.

COLYMBIDÉS.

Colymbus (Lin.).	**Plongeon.**	
Glacialis. Lin.	Imbrin.	Eu. Hémis. bor.
Arcticus. Lin.	Lumme.	Eu. Hémis. bor.
Septentrionalis. Lin.	Cat-Marin.	Eu. Hémis. bor.

ALCIDÉS.

	Uria (Bris.).	**Guillemot.**	
	Troïle. Lin.	Troïle.	Eu. Hémis. bor.
	α Ringvia. Brünn. *Lacrymans La Py.*	Bridé.	Eu. Hémis. bor.
	Arra. Pal. *Brunnichii Sabi.*	Gros-bec.	Eu. Hémis. bor.
	Grylle. Lin.	Grylle.	Eu. Hémis. bor.
	α Mandtii. Lichs.	De Mandt.	Spitz. Groën.
F.	Columba. Pal.	Colombe.	N. Pacif. Spitz. Gro. (1).
	Mergulus.		
	Alle. Lin.	Nain.	Eu. Hémis. bor.
	Fratercula (Bris.).	**Macareux.**	
	Arctica. Lin. *Labrador Gme.*	Arctique.	Eu. Hémis. bor.
	Grabæ. Breh. *Arctica Leach.*	De Graba.	Féroë. Fra. Hol. Angl.
	Corniculata. Nau. *Glacialis Goul. Tem.*	A croissants.	Spitzberg. Groën.

(1) Von Heuglin in litteris.

PODICIPIDÉS.

Podiceps (Lath.). Grèbe.

COLYMBIDÉS.

Colymbus (Lin.). Plongeon.

ALCIDÉS.

Uria (Bris.). Guillemot.

Fratercula (Bris.). Macareux.

	Simorhynchus (Merr.)	**Simorhynque**	
F.	Psittaculus. Pal.	Psittacule.	Am. bo. Suè. (G. R. Gr.)
	Alca (Lin.).	**Pingouin.**	
	Torda. Lin.	Torda.	Eu. oc. Hémis. bor.
	Impennis. Lin.	Brachyptère.	Hémis. bor. Éteint (?).

En résumé, si notre travail est exactement fait, les oiseaux d'Europe se répartissent actuellement de la manière suivante :

	Espèces indigènes ou de passage régulier	425
F.	Espèces dont la présence en Europe est exceptionnelle ou fortuite	156
?	Espèces dont la capture en Europe est encore contestable.	22
α, β, γ	Races européennes	55
	Total.	658

FIN.

Nancy, imp. Berger-Levrault et Cie.

Symorhynchus (Merr.). Simorhynque.

Alca (Lin.). Pingouin.

Nancy, Berger-Levrault et Cie.

www.ingramcontent.com/pod-product-compliance
Ingram Content Group UK Ltd.
Pitfield, Milton Keynes, MK11 3LW, UK
UKHW012247240726
13966UKWH00004B/1341

9 782013 036566